锐扬图书工作室/编

个性一族｜简约时尚｜温馨格调｜尊贵大气

家居风格与材料详解

2000 例

玄关走廊 隔断

海峡出版发行集团
THE STRAITS PUBLISHING & DISTRIBUTING GROUP

福建科学技术出版社
FUJIAN SCIENCE & TECHNOLOGY PUBLISHING HOUSE

编委会名单

许海峰	吕梓源	赵玉文	任俊秀	黄俊杰	张国柱
王红强	柏 丽	张秀丽	许建伟	陈素敏	张 淼
孔祥云	谢蒙蒙	董亚梅	任志军	田广宇	童中友
张志红	夏会玲				

图书在版编目（CIP）数据

家居风格与材料详解 2000 例 . 玄关走廊　隔断 /
锐扬图书工作室编 . —福州 : 福建科学技术出版社，
2012.11

ISBN 978-7-5335-4152-1

Ⅰ.①家… Ⅱ.①锐… Ⅲ.①住宅－室内装修－建筑
设计－图集 Ⅳ.① TU767-64

中国版本图书馆 CIP 数据核字 (2012) 第 243653 号

书　　名	**家居风格与材料详解 2000 例　玄关走廊　隔断**
编　　者	锐扬图书工作室
出版发行	海峡出版发行集团
	福建科学技术出版社
社　　址	福州市东水路 76 号（邮编 350001）
网　　址	www.fjstp.com
经　　销	福建新华发行（集团）有限责任公司
印　　刷	福建彩色印刷有限公司
开　　本	889 毫米 ×1194 毫米　1/16
印　　张	7
图　　文	112 码
版　　次	2012 年 11 月第 1 版
印　　次	2012 年 11 月第 1 次印刷
书　　号	ISBN 978-7-5335-4152-1
定　　价	29.80 元

书中如有印装质量问题，可直接向本社调换

Contents
目录

家居风格与
材料详解
2000 例

玄关
走廊

个性一族

① 黑色烤漆玻璃
② 壁纸
③ 石膏板拼贴
④ 有色乳胶漆
⑤ 石膏板
⑥ 金刚板

如何设计门厅玄关

　　玄关起装饰作用，进门第一眼看到的就是玄关，这是客人从繁杂的外界进入这个家庭的最初感觉。可以说玄关设计是住宅整体设计思想的浓缩，它所占据的面积不大，但是在住宅装饰中起到画龙点睛的作用。为保护主人的私密性，避免客人一进门就对整个居室一览无余，在进门处可用木质或玻璃作隔断，划出一块区域，在视觉上遮挡一下。为方便客人脱衣换鞋挂帽，最好把鞋柜、衣帽架、大衣镜等设置在玄关内，鞋柜可做成隐蔽式，衣帽架和大衣镜的造型应美观大方，和整个玄关风格相协调。而玄关的装饰应与整套住宅的装饰风格协调，起到承上启下的作用。

❶ 压花烤漆玻璃

❷ 仿古砖

❸ 壁纸

❹ 金刚板

❺ 木线条刷金

❻ 白枫木饰面板

白枫木饰面板给人以纤尘不染、简单脱俗、自然简约的感觉。白枫木饰面板鞋柜可以使小巧的房间看起来整洁、不拥挤，非常适合浅色调家居风格与纯白纯蓝的地中海风格。白枫木，纹理美丽多变，细腻，木材韧性佳，软硬适中。白枫木突出安静高雅、实用的风格。

① 仿古砖
② 木踢脚线
③ 白色玻化砖
④ 黑胡桃木饰面板
⑤ 黑色烤漆玻璃
⑥ 米色玻化砖
⑦ 黑色烤漆玻璃

1 石膏板

2 马赛克

3 条纹壁纸

4 米色玻化砖

5 白枫木饰面板

6 白色玻化砖

7 白色乳胶漆

❶ 木造型刷白

❷ 白色玻化砖

❸ 艺术玻璃

❹ 仿古砖

❺ 装饰珠帘

❻ 马赛克

❼ 羊毛地毯

玄关的设计要点

1. 实用为先装饰点缀，整个玄关设计都以实用为主。

2. 随形就势引导过渡，玄关设计往往需要因地制宜随形就势。

3. 巧用屏风分隔区域，玄关设计有时也需借助屏风来划分区域。

4. 内外玄关华丽大方，对于空间较大的居室，玄关大可处理得豪华、大方些。

5. 通透玄关扩展空间，空间不大的玄关往往采用通透设计，以减少空间的压抑感。

❶ 米色玻化砖

❷ 艺术墙贴

❸ 石膏板

❹ 石膏板雕空

❺ 仿古砖

❻ 有色乳胶漆

❼ 黑色镜面玻璃

黑色镜面玻璃主要作为装饰用镜。因其黑色的外观能体现出庄重、神秘的气质，而被广大爱好者所青睐。黑色镜面玻璃的安装工艺：清理基层—钉木龙骨架—钉衬板—固定玻璃。注意玻璃厚度应为5~8毫米。安装时严禁锤击和撬动，不合适应取下重安。

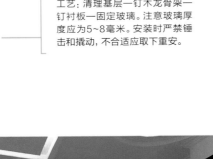

1 石膏板

2 米色网纹地砖

3 黑色烤漆玻璃

4 木质格栅吊顶

5 文化石

6 茶色玻璃

7 白色玻化砖

1 石膏板

2 金刚板

3 壁纸

4 车边银镜

5 有色乳胶漆

6 白色亚光地砖

① 装饰珠帘
② 玫瑰木金刚板
③ 磨砂玻璃
④ 米色亚光地砖
⑤ 艺术玻璃
⑥ 白色乳胶漆
⑦ 金刚板

一般情况下的玄关空间设计

　　玄关的大小主要还是要根据住宅空间的大小来决定，要与住宅的大小相协调。大小适中的玄关，与室内其他空间的设置相搭配，不至于使某一部分过分突兀；要取乎于适中，使玄关的作用得以充分发挥。一般说来，大小合适的玄关以高度2米、面积3～5平方米为宜，过高过大不利于财气和旺气的聚集，过矮过小则会使人产生压迫感，都无法起到好的效果。因此玄关的设置一定要大小适中。

❶ 手绘墙饰

❷ 壁纸

❸ 石膏板

❹ 白色玻化砖

❺ 钢化玻璃

❻ 有色乳胶漆

❼ 黑晶砂大理石踢脚线

　　光照强烈的位置建议用大理石做踢脚线，如果要大气或者客厅也选择采用大理石，那么可以考虑采用大理石倒角做踢脚线，很大气、很耐用。踢脚线的高度也是有讲究的，要根据整个局势的高度选择踢脚线。

❶ 黑胡桃木饰面板
❷ 白色玻化砖
❸ 密度板拓缝
❹ 艺术玻璃
❺ 不锈钢条
❻ 装饰珠帘
❼ 文化石

① 彩绘玻璃

② 车边银镜

③ 金刚板

④ 黑色烤漆玻璃

⑤ 胡桃木饰面板

⑥ 羊毛地毯

1 手绘墙饰
2 米色亚光地砖
3 装饰珠帘
4 白枫木饰面板
5 壁纸
6 木造型刷白
7 装饰银镜

装饰玄关的注意事项

　　玄关给人进入屋中的第一印象，在装饰上也要特别讲究，保持玄关处的整洁和明亮是需要重视的。玄关是客人进入大门后第一眼看到的地方，反映出主人的精神面貌和品位修养，玄关处如果堆放了太多的杂物，会给人一种邋遢、缺乏收拾的感觉，影响主人在来宾眼中的印象。同时，玄关处如果杂乱无章，一是影响人的精神和心情；二是凌乱不堪的玄关会影响家运。玄关处也要讲究明亮，在采光上应予以重视。玄关处如果昏暗不明的话，会使人产生压抑的感觉，严重影响人的精神风貌。由于玄关的特殊位置，往往处于大门到客厅的过渡空间，可能自然采光并不能保证充足的光线，这个时候就需要用灯光来补足了。

❶ 装饰镜面
❷ 白色乳胶漆
❸ 金刚板
❹ 石膏板
❺ 米黄色玻化砖
❻ 茶色镜面玻璃

　　使用装饰镜面来美化居室，能使居室在视觉上更加美观舒适。根据居室的不同光线，选用蓝片或茶色片，像釉面砖一样粘贴在沙发上方的墙面上，形成一个玻璃镜面幕墙。为了使墙面装饰更富有立体感，还可通过对镜面进行深加工，如磨边、喷砂、雕刻，用镶、拼等手段装饰。在光照折射下，整个居室会如同"水晶宫"般透亮。

❶ 白色亚光地砖

❷ 木造型刷白

❸ 柚木饰面板

❹ 仿古砖

❺ 装饰银镜

❻ 白色乳胶漆

❼ 金刚板

1 金刚板
2 艺术墙贴
3 手绘墙饰
4 水曲柳饰面板
5 条纹壁纸
6 木踢脚线

① 密度板拓缝
② 有色乳胶漆
③ 黑胡桃木饰面板
④ 金刚板
⑤ 磨砂玻璃
⑥ 玫瑰木金刚板

玄关的色彩设计

　　玄关以清淡明亮的颜色最适宜，如白色、淡绿色、淡蓝色、粉红色等，这些颜色象征着希望和热情，避免使玄关处有阴暗之感。对于暖色调的玄关摆设应简洁，不应看到杂物，以使狭小的空间显得更宽敞明亮。玄关不宜堆砌太多让人眼花缭乱的色彩与图案，否则，会给人以沉重、压抑的感觉。清爽的色彩和干净的图案是玄关的最好选择。

❶ 彩绘玻璃

❷ 金刚板

❸ 钢化玻璃

❹ 密度板拓缝

❺ 黑色玻化砖

❻ 柚木饰面板

彩绘玻璃是目前家居装修中较多运用到的一种装饰玻璃。彩绘玻璃图案丰富亮丽，居室中彩绘玻璃的恰当运用，能较自如地创造出一种赏心悦目的和谐氛围，增添浪漫迷人的现代情调。目前市场上的彩绘玻璃有两种，一种是经过现代数码科技输出在胶片或合成纸上的彩色图案画的艺术品，和平板玻璃经过工业黏胶黏合而成；还有一种是纯手绘彩绘玻璃，属于传统工艺。

① 米色玻化砖
② 仿古砖
③ 艺术墙贴
④ 白色乳胶漆
⑤ 有色乳胶漆
⑥ 密度板拓缝

❶ 车边银镜

❷ 金刚板

❸ 木质搁板

❹ 白色乳胶漆

❺ 布艺软包

❻ 玫瑰木金刚板

家居风格与
材料详解
2000 例

玄关
走廊

简约时尚

① 白色乳胶漆

② 米色网纹玻化砖

③ 石膏板雕空

④ 黑色烤漆玻璃

⑤ 装饰镜面

⑥ 金刚板

走廊的设计

　　走廊依据空间水平方向的组织方式，形式上大致分为一字型、"L"型、双边型和"S"型。不同的走廊形式在空间中起着不同的作用，也产生了不同的性格特点。一字型走廊如处理不当，则会产生单调和沉闷感。"L"型走廊迂回、含蓄、富于变化，往往可以加强空间的私密性，它既可以把性质不同的空间相连，使动静区域之间的独立性得以保持，又可以联系不同的公共空间，使室内空间的组成在方向上产生突变，视觉上有柳暗花明、豁然开朗的感觉。"S"型走廊变化多样、较为通透，处理得当的话，能有效地打破走道的沉闷、封闭感。走廊的大小取决于住宅的面积，从活动上来看，来回走动较多的走廊，可能运送物品的走廊，以及门扇往走廊方向开的走道，都要相对加宽，一般以1.2~1.5米为好。

❶ 米色玻化砖

❷ 彩绘玻璃

❸ 白色乳胶漆

❹ 金刚板

❺ 壁纸

❻ 仿古砖

玻化砖是通体砖坯体的表面经过打磨而成的一种光亮的砖，属通体砖的一种，也是瓷质抛光砖的俗称，瓷砖的一种。具有天然石材的质感，而且更具有高光度、高硬度、高耐磨、吸水率低、色差少以及规格多样化和色彩丰富等优点。用米色玻化砖铺贴装饰的建筑具有更加高雅的品味，能将古典与现代兼容并蓄。

1 浮雕壁纸

2 胡桃木饰面板

3 米色玻化砖

4 白色亚光地砖

5 金刚板

6 白色乳胶漆

7 装饰银镜

❶ 金刚板

❷ 文化石

❸ 柚木饰面板

❹ 艺术墙贴

❺ 仿古砖

❻ 壁纸

❼ 米色玻化砖

① 热熔玻璃

② 金刚板

③ 不锈钢条

④ 密度板拓缝

⑤ 艺术玻璃

⑥ 玫瑰木金刚板

如何规划玄关走廊的空间布置

　　玄关空间的划分要强调它自身的过渡性，根据整个住宅空间的面积和特点因地制宜、随形就势引导过渡。玄关的面积可大可小，空间类型可以是圆弧形、直角形，也可以设计成走廊玄关。虽然客厅不像卧室那样具有较强的私密性，但是最好能在客厅与玄关之间设计一个隔断，除了起到一定的装饰功能外，在客人来访时，还能使客厅中的成员有个心理准备，避免客厅被一览无余。同时增加整套住宅的层次感，但这种遮蔽不一定是完全的遮挡，而经常需要有一定的通透性。

❶ 米色亚光地砖

❷ 热熔玻璃

❸ 轻钢龙骨装饰横梁

❹ 金刚板

❺ 白色乳胶漆

❻ 仿古砖

横梁虽然很碍事，但却是房间的"骨架"，关乎建筑安全，是绝对不能拆除的，也不能在横梁上打洞或开槽。可以用轻钢龙骨进行装饰，轻钢龙骨是以优质的连续热镀锌板带为原材料，经冷弯工艺轧制而成的建筑用金属骨架，用于以纸面石膏板、装饰石膏板等轻质板材做饰面的非承重墙体和建筑物屋顶的造型装饰。

❶ 轻钢龙骨装饰横梁

❷ 白色乳胶漆

❸ 米色玻化砖

❹ 艺术玻璃

❺ 金刚板

❻ 黑色烤漆玻璃

❼ 木质窗棂造型

❶ 铂金壁纸
❷ 艺术玻璃
❸ 仿古砖
❹ 热熔玻璃
❺ 轻钢龙骨装饰横梁
❻ 钢化玻璃
❼ 玫瑰木金刚板

① 石膏板
② 白色乳胶漆
③ 木格栅吊顶
④ 有色乳胶漆
⑤ 黑色烤漆玻璃
⑥ 密度板拓缝
⑦ 白色玻化砖

玄关走廊的隔断设计

在现代家居布置中，由于玄关的面积较小，为了通风和采光，一般都在玄关的上部设置隔断，采用镂空的木架或者磨砂玻璃。玄关的隔断设置需要注意一定要上虚下实，下半部要扎实稳重，一般就直接是墙壁或者做成矮柜，上半部则宜通透但不要漏风，采用磨砂玻璃最好。这种上虚下实的布局，一方面利于玄关在住宅功能区上的作用，便于采光，又能看到里面的一点景象，不至于进门之后太局促；另一方面则是为了使住宅根基稳固不易动摇。

❶ 浮雕壁纸

❷ 白色乳胶漆

❸ 茶色玻璃

❹ 钢化玻璃

❺ 艺术玻璃隔断

❻ 轻钢龙骨装饰横梁

艺术玻璃的画面绚丽不失清雅，生动不失精致，超凡脱俗，美轮美奂。其别具一格的造型，丰富亮丽的图案，灵活变幻的纹路，抑或古老的东方韵味，抑或西方的浪漫情怀。它融入了现代室内装潢的气氛，与色彩和周围的设计语言，与现代人的生活经验更完整、更和谐地结合。

❶ 石膏板

❷ 白色乳胶漆

❸ 玫瑰木金刚板

❹ 仿古砖

❺ 白色亚光地砖

❻ 木踢脚线

❼ 木质搁板

❶ 金刚板

❷ 木踢脚线

❸ 柚木饰面板

❹ 玫瑰木金刚板

❺ 艺术玻璃

❻ 仿古砖

❶ 柚木饰面板

❷ 壁纸

❸ 艺术玻璃

❹ 金刚板

❺ 石膏板

❻ 仿古砖

玄关走廊的隔断样式

　　隔断的方式多种多样，可以采用结合低柜的隔断，或采用玻璃通透式和格栅围屏式屏风结合，既分隔空间又保持大空间的完整性。这都是为了体现门厅玄关的实用性、引导过渡性和展示性三大特点。至于材料、造型及色彩，完全可以不拘一格。可以在隔断上设计玻璃镜面，以提醒家人出门时注意仪表。门厅玄关空间窄小，玻璃镜面容易受到碰撞，最好镶嵌在装饰柜内侧的背板上，不宜直接挂在墙面上。综合型玄关柜是独立的隔断造型，下部为鞋柜，上部采用装饰玻璃拼装。凸凹起伏造型能让门厅空间显得变化多样，丰富我们的家居环境。

① 艺术墙贴

② 木踢脚线

③ 金刚板

④ 肌理壁纸

⑤ 钢化玻璃

⑥ 黑色烤漆玻璃

⑦ 石膏板

⑧ 白色乳胶漆

石膏板的选购要注意：优质纸面石膏板的护面纸用的是进口的原木浆纸，而劣质的纸面石膏板用的是再生纸浆生产出来的纸张，较重较厚、强度较差、表面粗糙，有时可看见油污斑点，易脆裂；优质纸面石膏板的板芯白，而差的纸面石膏板板芯发黄(含有黏土)，颜色暗淡，掂量单位面积重量，相同厚度的纸面石膏板，优质的板材比劣质的一般都要轻。在达到标准强度的前提下，越轻则越好。

① 轻钢龙骨装饰横梁

② 黑晶砂大理石踢脚线

③ 亚光地砖

④ 装饰银镜

⑤ 米色玻化砖

⑥ 木质窗棂造型

⑦ 木踢脚线

1 黑色烤漆玻璃
2 白色乳胶漆
3 彩绘玻璃
4 白色玻化砖
5 车边银镜
6 木造型刷白

① 轻钢龙骨装饰横梁

② 白色乳胶漆

③ 茶色玻璃

④ 艺术玻璃

⑤ 石膏板

⑥ 金刚板

如何布置玄关的灯

　　玄关因为是大门和客厅的过渡空间，也是进门之后展示门面的地方，因此玄关处布置灯光是非常有必要的。但是玄关顶部布置灯光不能随便胡乱布置，以为把这个地方照亮就可以了，而是要遵循一定的技巧来布置。比如把几盏筒灯或射灯安装在玄关顶部时，就要特别注意这几盏灯的组合排列。一般说来，应该把它们排列成方形和圆形，象征"天圆地方"。"天圆"是天赐的一种美满幸福的象征，"地方"是脚踏实地、勤俭持家的象征，均有利于宅运。特别需要提醒的是，如果在玄关处布置三盏灯时，切忌将三盏灯布置成三角形，棱角过于分明会给人以刚硬的、不舒适的感觉，会影响住户的日常生活。

❶ 木质装饰横梁
❷ 白色玻化砖
❸ 条纹壁纸
❹ 白枫木饰面板
❺ 马赛克
❻ 装饰珠帘

房顶的横梁成为房间最出彩的地方。木质横梁不仅有装饰功能，还有一定的切割空间作用。横线条在简约风格的设计或小户型中最为常见。几根简单的横向线条会给人平稳、安定的感受。横向线条的粗细也对室内装饰效果有很深的影响，粗线显得粗壮、有力，给人的感觉是坚固和工业化的；细线尖锐、敏感，能在室内制造出写意、细腻的气氛。

家居风格与
材料详解
2000 例

玄关
走廊

温馨格调

❶ 热熔玻璃

❷ 米色玻化砖

❸ 金刚板

❹ 马赛克

❺ 仿古砖

❻ 铁艺隔断

❼ 木踢脚线

1. 车边银镜
2. 艺术玻璃
3. 石膏板
4. 仿古砖
5. 木角线刷金
6. 壁纸

① 石膏板
② 金刚板
③ 车边银镜
④ 仿古砖
⑤ 桦木饰面板
⑥ 有色乳胶漆

如何布置走廊的灯

　　走廊的灯光布置首要注意的就是这个部位的光亮，最好是散光灯，照射的范围大一些。如果白天阳光能照射到走廊最好，如果不能照射到走廊或是晚上，最好设置长明灯，一是方便住户走路，另外也是为了有利于宅运。在布置走廊上的路灯时，也要注意一些问题。比如不宜选择五颜六色的灯光以形成一种虚幻迷离的感觉，简单选用黄色或白色的灯就好；另外，在灯的排列上，最好是一条直线，而不宜采用奇形怪状的排列方法；同时，还要注意的一点是走廊的灯的盏数不宜设置得太多，只要能够保证正常的照明即可。

❶ 钢化玻璃

❷ 仿古砖

❸ 金刚板

❹ 实木装饰立柱

❺ 钢化玻璃立柱

❻ 彩绘玻璃

❼ 轻钢龙骨装饰横梁

　　用实木来装饰立柱，其实木纹理没有年龄限制，无论主人的年龄大小，家居的风格古典亦或现代，都可以将木材天然的纹理融入其中。特殊的图案本身就包括了原始和现代的设计风格，可以运用到各种材质上，和各种家居环境的搭配也比较简单。

① 有色乳胶漆
② 米黄色玻化砖
③ 木踢脚线
④ 布艺软包
⑤ 热熔玻璃
⑥ 车边银镜
⑦ 艺术玻璃

❶ 磨砂玻璃
❷ 金刚板
❸ 白色乳胶漆
❹ 壁纸
❺ 木造型刷白
❻ 白枫木饰面板
❼ 米黄色玻化砖

1 壁纸

2 亚光地砖

3 木格栅吊顶

4 有色乳胶漆

5 艺术玻璃

6 玻化砖

如何通过照明营造玄关走廊的空间格调

由于玄关空间里往往带有许多角落和缝隙，缺少自然采光，那么就应该有足够的人工照明。根据不同的位置合理安排筒灯、射灯、壁灯、轨道灯、吊灯、吸顶灯，可以形成焦点聚射，营造不同的格调，如使用嵌壁型朝天灯或巢型壁灯可以让灯光上扬，产生相当的层次感，灯色可以偏暖，产生家的温馨感。

① 密度板拓缝

② 金刚板

③ 樱桃木装饰线

④ 艺术墙贴

⑤ 柚木饰面板

⑥ 有色乳胶漆

密度板拓缝装饰居室空间的隔断，给人以清新自然的感觉。在选购密度板时应注意：密度板应厚度均匀，板面平整、光滑，没有污渍、水渍、黏迹；四周板面细密、结实、不起毛边；用手敲击板面，声音清脆悦耳、均匀的密度板质量较好。拿一块密度板的样板，用手用力掰或用脚踩，以此来检验纤维板的承载受力和抵抗变形的能力。

1 松木板吊顶

2 金刚板

3 马赛克

4 石膏板

5 有色乳胶漆

6 艺术玻璃

1 木装饰线刷白

2 米色玻化砖

3 金刚板

4 木造型刷白

5 石膏板

6 有色乳胶漆

7 钢化玻璃

1 壁纸
2 金刚板
3 石膏板
4 钢化玻璃
5 水曲柳松木板
6 有色乳胶漆

怎样装饰玄关的天花板

在进行玄关装修和装饰时，要注意玄关的天花板宜高不宜低。这是因为，玄关在整个住宅的功能分区中，处于进出门的重要位置，属于龙头部位。既然是龙头部位，那么龙头就宜抬不宜低，这样才有利于家运蒸蒸日上，事业平步青云。同时玄关的天花板设置得高一点，也是为了有利玄关处空气的对流，保证玄关拥有比较清新的空气。玄关处的天花板如果太低的话，意味着抬头的空间狭小，家人会感觉到压抑。因此，在家居装修中要注意把玄关处的天花板设计得高一点。

① 罗马柱

② 石膏板

③ 木质装饰立柱

④ 有色乳胶漆

⑤ 金刚板

⑥ 浮雕壁纸

浮雕艺术具有立体感，是两维的。浮雕壁纸具有色彩多样、图案丰富、豪华气派、立体、安全环保、施工方便、价格适宜等多种其他室内装饰材料所无法比拟的特点，体现了视觉与触觉上的质感。可以选择不同风格的浮雕壁纸来展示居家装饰的个性主题，让生活更加丰富多彩。

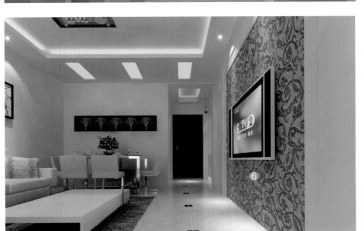

❶ 黑色烤漆玻璃

❷ 米色亚光地砖

❸ 钢化玻璃

❹ 装饰珠帘

❺ 羊毛地毯

❻ 仿古砖

❼ 有色乳胶漆

❶ 木造型刷白

❷ 金刚板

❸ 白色玻化砖

❹ 水曲柳饰面板

❺ 木质搁板

❻ 条纹壁纸

❼ 木踢脚线

① 艺术玻璃

② 玫瑰木金刚板

③ 石膏板

④ 深啡网纹大理石

⑤ 壁纸

⑥ 仿古砖

玄关天花板的色调设计

　　玄关处天花板的颜色应以浅色为宜。这是因为，在传统的观念中，天为轻清者，地为重浊者，处于上面的就应该颜色明亮浅淡一些，处在下面的就应该颜色深重厚实一些，这才符合上轻下重的天道。并且天花板颜色浅一点，有利于玄关的采光，同时，上轻下重给人舒适的感觉，使家庭和睦，长幼有序，家宅安定。如果玄关处的天花板较深，或者比地板的颜色深的话，头重脚轻，则会产生相反的影响，有失和谐之道。因此，玄关处的天花板最好选用浅色调的，且要与地板较深的颜色相协调。

① 艺术玻璃

② 仿古砖

③ 水曲柳饰面板

④ 黑色烤漆玻璃

⑤ 玫瑰木金刚板

⑥ 木造型刷白

⑦ 米色网纹玻化砖

　　饰面板在选购时应注意观察贴面(表皮)，看贴面的厚薄程度，越厚的性能越好，油漆后实木感真、纹理也清晰、色泽鲜明饱和度也越好；表面光洁应无明显瑕疵。无毛刺沟痕和刨刀痕，应无透胶现象和板面污染现象。要注意面板与基材之间、基材内部各层之间不能出现鼓包、分层现象；要选择甲醛释放量低的板材。可用鼻子闻，气味越大，说明甲醛释放量越高，污染越厉害，危害性也就越大。

① 黑色烤漆玻璃

② 有色乳胶漆

③ 黑晶砂大理石踢脚线

④ 钢化玻璃

⑤ 艺术玻璃

⑥ 白色玻化砖

⑦ 玫瑰木金刚板

1 车边银镜

2 仿古砖

3 装饰珠帘

4 红樱桃木饰面板

5 木质窗棂造型

6 壁纸

7 木纹玻化砖

家居风格与
材料详解
2000 例

玄关
走廊

温馨格调

① 水曲柳饰面板

② 深啡网纹大理石

③ 有色乳胶漆

④ 玫瑰木金刚板

⑤ 仿古砖

⑥ 木造型刷白

⑦ 红樱桃木饰面板

玄关的墙面应怎样设计

　　玄关因为面积不大，墙面进门便可见，与人的视觉距离比较近，一般都作为背景来打造。墙壁的颜色要注意与玄关的颜色相协调，玄关的墙壁间隔无论是木板、墙砖或石材，在颜色设计上一般都遵循上浅下深的原则。玄关的墙壁颜色也要跟间隔相搭配，不能在浅的地方采用深的颜色，在深的地方用浅的颜色，要在色调上相一致，并且也要与间隔的颜色一样有一定的过渡。对主题墙可进行特殊的装饰，比如悬挂画作或绘制水彩，或做成摆件台，或用木纹装饰等，无论怎样装饰，都要符合简洁的原则。玄关处要保证空气的通畅，墙壁也不宜采用凹凸不平的材料，而要保持光整平滑。

1 磨砂玻璃

2 木踢脚线

3 浮雕壁纸

4 仿古砖

5 木质窗棂造型

6 车边银镜

7 浅啡网纹大理石

8 艺术玻璃

9 木质搁板

　　磨砂玻璃通透多变，大胆利用玻璃作隔断既有划分功能，又能保证有效采光。用玻璃装饰能美化室内环境还能提亮居室亮度，如有花案的加入又会让玻璃的装饰效果更惊艳。墙面用磨砂玻璃装饰，在顶灯的照射下，磨砂玻璃上映衬的图案会呈现立体的效果，让人感觉栩栩如生。

❶ 木质窗棂造型

❷ 壁纸

❸ 仿古砖

❹ 车边银镜

❺ 金刚板

❻ 红樱桃木饰面板

❼ 水曲柳饰面板

❶ 仿古砖

❷ 樱桃木饰面板

❸ 木角线刷金

❹ 金刚板

❺ 木质窗棂造型

❻ 壁纸

❼ 白色亚光地砖

❶ 热熔玻璃

❷ 马赛克

❸ 青砖

❹ 木质搁板

❺ 木质窗棂造型

❻ 条纹壁纸

❼ 米色玻化砖

如何选择玄关走廊的地面材料

　　玄关走廊的地面材料尤显重要，不仅因为它经常承受磨损和撞击，还因为它是常用的空间引导区域。瓷砖便于清洗，也耐磨，通过进行各种铺设图案设计，能够适宜引导人的流动方向，只不过瓷砖的反光会让整个区域看起来有点偏冷。玄关地板的装修，需要注意两个问题：一是玄关处的地板一定要平整，也就是说在安装地板的时候一定要保证地板在水平上保持平整，不能有倾斜的情况，这样一方面是为了主人进出的安全；另一方面也是为了保持宅运的顺畅。二是地板如果采用的是木地板，最好用方块形木纹的地板，天圆地方，代表扎实的根基。如果是使用其他形状木纹的地板，最好使木纹向屋内，尖角形向外，如流水斜流入屋，整体给人以清新舒适之感。

❶ 车边银镜

❷ 仿古砖

❸ 木质窗棂造型

❹ 布艺软包

❺ 黑白根大理石

❻ 青砖

　　青砖选用天然的黏土精制而成，烧制后的产品呈青黑色，具有密度强、抗冻性好、不变形、不变色的特点。青砖中含有微量的硫磺元素可杀菌、平衡装修中的甲醛等不利人体的化学气体，保持室内空气湿度，综合"透气性、吸水性、抗氧化、净化空气"等特点。青砖给人以素雅、沉稳、古朴、宁静的美感。

① 茶色玻璃

② 密度板拓缝

③ 仿古砖

④ 木质窗棂造型

⑤ 米色亚光地砖

⑥ 白色乳胶漆

⑦ 车边银镜

❶ 金刚板

❷ 仿古砖

❸ 松木板吊顶

❹ 木格栅吊顶

❺ 石膏板

❻ 艺术玻璃

❼ 米色网纹玻化砖

① 壁纸

② 米黄色玻化砖

③ 钢化玻璃立柱

④ 木踢脚线

⑤ 石膏板

⑥ 仿古砖

玄关处应怎样选择绿色植物

玄关是来宾进入大门后给人第一印象的地方，在玄关处绿化是比较好的，一方面美化了环境，让来宾进门后眼前一片绿色，有神清气爽的感觉；另一方面摆放一些吉祥的绿色植物也有利于助运。布置玄关绿化，单独的有款有型的树木、大型的盆栽植物和一些小型的盆栽花卉组合都适用于玄关。在植物的选择上，最好选择生命力旺盛的常绿植物，例如铁树、发财树、黄金葛与赏叶榕等，小型的盆栽植物，如兰花、吊兰、万年青等常绿植物，在视觉上给人一派葱茏的景象。

① 肌理壁纸

② 木质窗棂造型

③ 车边银镜

④ 木质格栅吊顶

⑤ 浅啡网纹玻化砖

⑥ 石膏板

⑦ 白色乳胶漆

木质格栅吊顶不同于其他吊顶工程，应归属于细木工装修，木质格栅吊顶是家庭装修走廊、玄关、餐厅及有较大顶梁等空间经常使用的类型。木质格栅吊顶不仅能够美化顶部，同时能够达到调节照明、增加环境的整体装修效果的目的。木质格栅吊顶要求设计大方，构造合理，外观美观，固定牢固，材料表面平整，颜色均匀一致，内部灯光布局科学，终饰漆膜完整，无划痕、无污染等。

❶ 木造型刷白

❷ 仿古砖

❸ 艺术玻璃

❹ 白色乳胶漆

❺ 米色网纹玻化砖

❻ 有色乳胶漆

❼ 柚木饰面板

① 艺术玻璃
② 壁纸
③ 热熔玻璃
④ 大理石拼花
⑤ 米色亚光地砖
⑥ 石膏板
⑦ 玫瑰木金刚板

1 轻钢龙骨装饰横梁

2 壁纸

3 玫瑰木金刚板

4 米黄色亚光地砖

5 马赛克

6 白枫木百叶

7 条纹壁纸

为什么宜在玄关处放置鞋柜

在玄关处放置鞋柜，在家具的功能设置上是为了方便主、客进出换鞋。鞋柜一般放置在玄关的最下方，高度不超过1米。鞋柜的设置一般为3~5层，层数设置太多放鞋取鞋时不方便，层数设置太少又不能有效地摆放鞋子，因此适中最好。鞋柜放置在进门的玄关处，这是因为在中国的传统汉字中，有通过谐音表达相关意思的手法，"鞋"与"谐"同音，"谐"字是和谐、协调的意思，有祈愿家宅平安、家人之间感情融洽的意思，而且鞋子都是成双成对放置的，也预示夫妻琴瑟和鸣、白头偕老，利于家庭的和睦与幸福。

❶ 马赛克
❷ 米黄色玻化砖
❸ 玫瑰木金刚板
❹ 仿古砖
❺ 石膏板
❻ 壁纸

马赛克原意为镶嵌，镶嵌团，镶嵌工艺，属于一种装饰艺术。马赛克按照材质、工艺可以分为若干不同的种类，玻璃材质的马赛克按照其工艺可以分为机器单面切割、机器双面切割以及手工切割等，非玻璃材质的马赛克按照其材质可以分为陶瓷马赛克、石材马赛克、金属马赛克等等。

家居风格与
材料详解
2000 例

隔断

个性一族

❶ 木质雕花板

❷ 条纹壁纸

❸ 白色玻化砖

❹ 装饰银镜

❺ 石膏板

❻ 热熔玻璃

❼ 柚木饰面板

❶ 红砖

❷ 米色亚光地砖

❸ 玻化砖

❹ 红樱桃木饰面板

❺ 装饰珠帘

❻ 艺术玻璃

❼ 磨砂玻璃

❶ 黑色烤漆玻璃

❷ 金刚板

❸ 装饰珠帘

❹ 白色玻化砖

❺ 壁纸

❻ 黑白根大理石

❼ 白色亚光地砖

楼梯空间的隔断设计

　　从楼梯空间的隔断设计上来讲，以楼梯或其他介质进行隔断的设计首先要具备空间的衔接功能，它不仅是上下空间的衔接，还有楼梯本身与周围大空间的衔接。因此，楼梯隔断造型以及楼梯所在空间的隔断材料的选择应该从整体空间出发。楼梯利用隔断设计来迎合周围的空间，尤其是楼梯下部的空间，现在比较流行的隔断布置方式是做成小吧台、小书房、家居的收纳空间等。合理运用光线、颜色营造楼梯的空间视觉效果，楼梯空间的隔断可成为家居里体现光线、颜色的最佳场所，它们与楼梯的搭配会让空间呈现出一种独特的律动效果。

❶ 钢化玻璃

❷ 白色乳胶漆

❸ 黑色镜面玻璃

❹ 白色玻化砖

❺ 木造型刷白

❻ 米色洞石

❼ 深咖网纹大理石

洞石是因为石材的表面有许多孔洞而得名，其石材的学名是凝灰石或石灰华，商业上，将其归为大理石类。洞石的色调以米黄居多，它使人感到温和，质感丰富，条纹清晰，促使装饰的建筑物常有强烈的文化和历史韵味。洞石具有良好的加工性、隔音性和隔热性，是优异的建筑装饰材料；洞石的质地细密，加工适应性高，硬度小，容易雕刻，适合用作雕刻用材和异型用材；洞石的颜色丰富，纹理独特，更有特殊的孔洞结构，有着良好的装饰性能。

❶ 白色玻化砖

❷ 石膏板

❸ 白色乳胶漆

❹ 壁纸

❺ 黑色烤漆玻璃

❻ 条纹壁纸

❼ 彩色马赛克

❶ 黑色烤漆玻璃

❷ 木造型隔断

❸ 金刚板

❹ 石膏板

❺ 壁纸

❻ 茶色镜面玻璃

❼ 米色玻化砖

① 铁艺隔断

② 黑色烤漆玻璃

③ 车边银镜

④ 艺术墙贴

⑤ 金刚板

⑥ 木造型刷白

隔断的材料选择

　　家居隔断以前运用最多的是轻钢龙骨、石膏板或木质纤维板。如今隔断的设计已经朝着多元化的方向发展，珠帘、布艺、金属、玻璃等已成为隔断材料的新生主力。在隔断这样的非功能局部，材料的应用尤为重要，材料自身的装饰效果对隔断的整体效果有着至关重要的影响作用。虽然这种空间看上去很不起眼，但是合理的选材不仅能节省成本，还能对整体空间起到锦上添花的作用。

❶ 羊毛地毯

❷ 金刚板

❸ 木造型刷白

❹ 胡桃木装饰

❺ 壁纸

❻ 石膏角线

❼ 白色玻化砖

羊毛地毯的手感柔和、弹性好、色泽鲜艳，且质地厚实、抗静电性能好、不易老化褪色。但它的防虫性、耐菌性和耐潮湿性较差。羊毛地毯有较好的吸音能力，可以降低各种噪音。毛纤维热传导性很低，热量不易散失，羊毛地毯还能调节室内的干湿度，具有一定的阻燃性能。

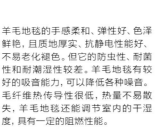

❶ 壁纸

❷ 茶色玻璃

❸ 木造型刷白

❹ 玫瑰木金刚板

❺ 装饰珠帘

❻ 条纹壁纸

❼ 白色玻化砖

❶ 白枫木线条

❷ 水曲柳饰面板

❸ 压花烤漆玻璃

❹ 壁纸

❺ 磨砂玻璃

❻ 金刚板

家居风格与
材料详解
2000 例

隔断

简约时尚

1. 木质格栅
2. 仿古砖
3. 石膏板
4. 手绘墙饰
5. 热熔玻璃
6. 白色乳胶漆
7. 金刚板

隔断设计注意事项

隔断设计需要注意以下三个方面：

(1)家居中的隔断一般都不承重，所以造型的自由度很大，设计应注意高矮、长短和虚实等的变化统一；

(2)在设计隔断时，一定不能忘了，隔断也是整个居室的一部分，颜色应该和居室的基础部分协调一致；

(3)不同的材料都有其自身的装饰性，对于隔断这样的非功能性构件，可以将材料的装饰效果放在首位，以此来实现良好的形象塑造和美妙的颜色搭配。

❶ 茶色玻璃

❷ 白色玻化砖

❸ 浮雕壁纸

❹ 密度板拓缝

❺ 木格栅吊顶

❻ 白色乳胶漆

白色乳胶漆环保。乳胶漆具有涂层透气性好，涂膜颜色任意选择，无污染、无毒、无火灾隐患，易于涂刷，干燥迅速，漆膜耐水，耐擦洗性好，色彩柔和等一系列优点。水溶性内墙乳胶漆，以水作为分散介质，没有有机溶剂性毒气体带来的环境污染问题，透气性好，避免了因涂膜内外温度压力差而导致的涂膜起泡弊病，适合未干透的新墙面涂装。

❶ 装饰珠帘
❷ 艺术玻璃
❸ 白色亚光地砖
❹ 白色乳胶漆
❺ 钢化玻璃
❻ 木质搁板
❼ 木造型刷白

1 白色玻化砖

2 钢化玻璃

3 艺术玻璃

4 仿古砖

5 石膏板

6 有色乳胶漆

7 米黄色玻化砖

❶ 黑胡桃木装饰

❷ 密度板拓缝

❸ 白色玻化砖

❹ 斑点玻化砖

❺ 茶色镜面玻璃

❻ 金刚板

❼ 白枫木饰面板

走廊隔断的风格设计

　　走廊隔断的风格必须要与家居整体的风格相协调，而且由于走廊使用的特殊性，最好不要采用对比的设计手法，而应该略简于家居的整体装修。隔断可以进行的装饰装修之处不多、面积不大，因此不要刻意去追求华丽的风格情调，可通过整体的感觉或者是重点的局部点缀来呼应整体。一般情况下，可以稍作变化，以丰富层次变化。可以延续客厅的做法，而照明和装饰则以看着舒适、自然为准，既不能太单调，也不可太耀眼，应稍逊于所连接的较大空间，如客厅、餐厅等。

❶ 仿古砖
❷ 羊毛地毯
❸ 艺术玻璃
❹ 轻钢龙骨装饰横梁
❺ 米色玻化砖
❻ 彩绘玻璃
❼ 玫瑰木金刚板

每个人喜欢的家居风格都不一样。有着古典怀旧情结的人们，总是想让自己的新家充满着古色古香的气息。怎么样才能如愿装饰出古风古韵犹存的家居风格呢？用仿古砖就可以轻松做到。仿古砖仿造以往的样式做旧，用带着古典的独特韵味吸引着人们的目光，为体现岁月的沧桑，历史的厚重，仿古砖可通过样式、颜色、图案，营造出怀旧的氛围。

❶ 木造型刷白

❷ 有色乳胶漆

❸ 水曲柳装饰线

❹ 石膏板

❺ 玫瑰木金刚板

❻ 仿古砖

❼ 白色亚光地砖

❶ 木质格栅
❷ 装饰珠帘
❸ 装饰银镜
❹ 艺术玻璃
❺ 仿古砖
❻ 磨砂玻璃
❼ 白色乳胶漆

① 装饰珠帘
② 肌理壁纸
③ 米色玻化砖
④ 壁纸
⑤ 金刚板
⑥ 艺术玻璃
⑦ 茶色镜面玻璃

隔断的墙面设计

　　隔断的墙面装饰，需要遵循"占天不占地"的原则。在隔断的墙壁上，可以采用与居室颜色相同的乳胶漆或壁纸。如果走廊连接的两个空间色彩不同，原则上隔断的色彩宜与面积大的空间相同。隔断的墙面上也可以挂上风格突出的装饰画或挂饰，甚至是挖出凹形装饰框，放置不同的饰品，然后再加强局部照明，这样就能很好地克服墙面呆板、单调的感觉。如果墙体面积较大，还可以设置一面玻璃镜面，以此来扩大空间感。

❶ 仿古砖

❷ 钢化玻璃

❸ 金刚板

❹ 石膏板

❺ 玫瑰木金刚板

❻ 混纺地毯

❼ 艺术玻璃

混纺地毯品种很多，常以纯毛纤维和各种合成纤维混纺，用羊毛与合成纤维，如尼龙、锦纶等混合编织而成。混纺地毯的耐磨性能比纯羊毛地毯高出五倍，同时克服了化纤地毯静电吸尘的缺点，也克服了纯毛地毯易腐蚀等缺点，具有保温、耐磨、抗虫蛀、强度高等优点。弹性、脚感比化纤地毯好，价格适中，特别适合在经济型装修的住宅中使用。

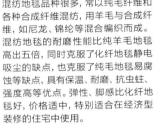

家居风格与
材料详解
2000 例

隔断

温馨格调

❶ 木质格栅

❷ 仿古砖

❸ 石膏板

❹ 白色玻化砖

❺ 枫木饰面板

❻ 木造型刷白

❼ 金刚板

❶ 水曲柳饰面板

❷ 玫瑰木金刚板

❸ 热熔玻璃

❹ 壁纸

❺ 石膏板

❻ 混纺地毯

❼ 仿古砖

❶ 米黄洞石

❷ 米色玻化砖

❸ 有色乳胶漆

❹ 仿古砖

❺ 石膏板

❻ 木质窗棂造型

❼ 金刚板

隔断装饰空间的间隔布置

　　隔断的墙壁颜色须深浅适中；隔断的墙壁间隔无论是木板、砖块或是石材，选用的颜色均不宜太深，以免令隔断看起来暮气沉沉，没有活力。而最理想的颜色组合是，位于顶部的天花板颜色最浅，位于底部的地板颜色最深，而位于中间的墙壁颜色则介于这两者之间，作为上下的调和与过渡。

❶ 艺术玻璃

❷ 壁纸

❸ 不锈钢条

❹ 米色亚光地砖

❺ 有色乳胶漆

❻ 玻璃砖

❼ 白色网纹玻化砖

不锈钢条在居室中具有很好的装饰效果。不锈钢不易产生腐蚀、点蚀、锈蚀或磨损。不锈钢还是建筑用金属材料中强度最高的材料之一。由于不锈钢具有良好的耐腐蚀性，所以它能使结构部件永久地保持工程设计的完整性。含铬不锈钢还集机械强度和高延伸性于一身，易于部件的加工制造，可满足建筑师和结构设计人员的需要。

❶ 肌理壁纸

❷ 木质搁板

❸ 金刚板

❹ 柚木饰面板

❺ 装饰珠帘

❻ 磨砂玻璃

❼ 艺术地毯

❶ 玫瑰木金刚板

❷ 米色玻化砖

❸ 柚木饰面板

❹ 文化石

❺ 木质搁板

❻ 羊毛地毯

❼ 白色玻化砖

❶ 铁艺隔断

❷ 白色亚光地砖

❸ 石膏板

❹ 有色乳胶漆

❺ 木造型刷白

❻ 装饰珠帘

❼ 白色网纹玻化砖

玄关隔断的装饰点缀

玄关隔断作为我们进入居室的一道风景，虽是居室空间中狭小的一处，却对整个居室的风格起着至关重要的作用。对隔断最行之有效的美化方法就是通过后期购买家具和饰品来实现。别小瞧了一只小花瓶或一件装饰品，少了它们，您的玄关隔断就缺少了一份灵气和趣味。一幅上品的油画，一件精致的工艺品，或是一盆细心呵护的君子兰，都能从不同角度体现居住者的学识、品位、修养。

❶ 黑色烤漆玻璃

❷ 艺术地毯

❸ 壁纸

❹ 石膏装饰线

❺ 混搭地毯

❻ 水曲柳饰面板

石膏阴角线成45°斜角连接，拼接用胶粘接，并用防锈螺钉固定。防锈木螺钉打入石膏线内，并用腻子抹平。相邻石膏花饰的接缝用石膏腻子填满抹平，螺丝孔用白石膏抹平，等石膏腻子干燥后，由油工进行修补、打平。严防石膏花饰遇水受潮变质变色。石膏装饰线物品应平整、顺直，不得有弯形、裂痕、污痕等现象。1米内接缝应不明显。固定用螺钉须为防锈制品。

❶ 钢化玻璃隔断

❷ 玫瑰木金刚板

❸ 艺术玻璃

❹ 金刚板

❺ 有色乳胶漆

❻ 仿古砖

❼ 直纹斑马木饰面板

❶ 木纹玻化砖

❷ 铁艺隔断

❸ 胡桃木饰面板

❹ 仿古砖

❺ 车边银镜

❻ 白色玻化砖

❼ 水曲柳饰面板

家居风格与
材料详解
2000 例

隔断

尊贵大气

❶ 镜子

❷ 玫瑰木金刚板

❸ 胡桃木装饰立柱

❹ 白色玻化砖

❺ 胡桃木装饰角线

❻ 手绘屏风

❼ 仿古砖

隔断设计的要则

　　家居的装修设计应该注重空间的塑造，因为我们使用的不是实的墙体，而是被它们围合起来的虚的空间。隔断是限定空间，同时又不完全割裂空间，如客厅和餐厅、客厅和走廊之间的博古架等。使用隔断能区分不同性质的空间，并实现空间之间的相互交流。隔断非常普遍，但是大部分设计得不好，技术和艺术结合得不够巧妙。隔断设计应注意形象的塑造，隔断不承重，所以造型的自由度很大，设计应注意高矮、长短和虚实等的变化统一。隔断是整个居室的一部分，颜色应该和居室的基础部分协调一致。根据上述两条原则，我们可以精心挑选和加工材料，从而实现良好形象塑造和美妙颜色的搭配。隔断是一种非功能性构件，所以材料的装饰效果可以放在首位。

❶ 黑色烤漆玻璃
❷ 艺术玻璃
❸ 深啡网纹大理石
❹ 仿古砖
❺ 柚木饰面板
❻ 石膏板
❼ 热熔玻璃

烤漆玻璃具有极强的装饰效果。主要应用于墙面、背景墙的装饰，并且适用于任何场所的室内外装修。黑色烤漆玻璃具有大气磅礴的气势，用于店面、现代或者简约风格的室内比较合适。如果想大面积使用，搭配其他颜色、质感的材料会降低大面积使用带来的沉重感、压抑性、漂浮感。用在顶上一定要固定好。如果不是贴着用，最好用钢化过的厚8毫米以上的。它相对的成本比墙纸略高。

❶ 手绘屏风

❷ 红樱桃木饰面板

❸ 壁纸

❹ 文化石

❺ 木格栅吊顶

❻ 仿古砖

❼ 木造型刷金

❶ 黑色烤漆玻璃

❷ 胡桃木饰面板

❸ 石膏板

❹ 直纹斑马木饰面板

❺ 黑胡桃木饰面板

❻ 壁纸

❼ 混纺地毯

❶ 热熔玻璃

❷ 木质窗棂造型

❸ 仿古砖

❹ 石膏板

❺ 柚木饰面板

❻ 布艺软包

❼ 玫瑰木金刚板

隔断中压花玻璃的应用

　　压花玻璃的品种有一般压花玻璃、真空镀膜压花玻璃、彩色压花玻璃等。压花玻璃的物理性能基本与普通透明平板玻璃相同，在光学上具有透光不透明的特点，应用在隔断中可使空间的光线感更柔和，其表面有各种图案花纹且凹凸不平，当光线通过时产生漫反射，因此从玻璃的一面看另一面时，物象模糊不清，可增加空间的隐秘性。压花玻璃由于其表面有各种花纹，具有一定的艺术效果。可用于公共场所分离室以及私人住宅空间的隔断，使用时应将花纹朝向室内，具有良好的装饰效果。

❶ 白色玻化砖

❷ 木质窗棂造型

❸ 玫瑰木金刚板

❹ 木质装饰立柱

❺ 皮纹砖

❻ 石膏板

❼ 红樱桃木饰面板

　　红樱桃木木质细腻，颜色呈自然棕红色，装饰效果稳重典雅又不失温暖热烈，因此被称为"富贵木"，越来越受更多追求高品味与个性化的人们所喜爱。红樱桃木表面多矿物质点或条纹，对于崇尚自然的人而言，这反而能体现天然木材制品的固有特性，也多了一点生动与纯朴。

❶ 车边银镜

❷ 艺术玻璃

❸ 米黄色玻化砖

❹ 玫瑰木金刚板

❺ 石膏板

❻ 艺术地毯

❼ 黑色镜面玻璃

1 白色乳胶漆
2 黑胡桃木饰面板
3 混纺地毯
4 仿古砖
5 艺术地毯
6 爵士白大理石
7 玫瑰木金刚板